海岸动物

撰文/黄祥麟　　审订/谢蕙莲

中国盲文出版社

怎样使用《新视野学习百科》？

请带着好奇、快乐的心情，
展开一趟丰富、有趣的学习旅程！

1 开始正式进入本书之前，请先戴上神奇的思考帽，从书名想一想，这本书可能会说些什么呢？

2 神奇的思考帽一共有6顶，每次戴上一顶，并根据帽子下的指示来动动脑。

3 接下来，进入目录，浏览一下，看看这本书的结构是什么，可以帮助你建立整体的概念。

4 现在，开始正式进行这本书的探索啰！本书共14个单元，循序渐进，系统地说明本书主要知识。

5 英语关键词：选取在日常生活中实用的相关英语单词，让你随时可以秀一下，也可以帮助上网找资料。

6 新视野学习单：各式各样的题目设计，帮助加深学习效果。

7 我想知道……：这本书也可以倒过来读呢！你可以从最后这个单元的各种问题，来学习本书的各种知识，让阅读和学习更有变化！

神奇的思考帽

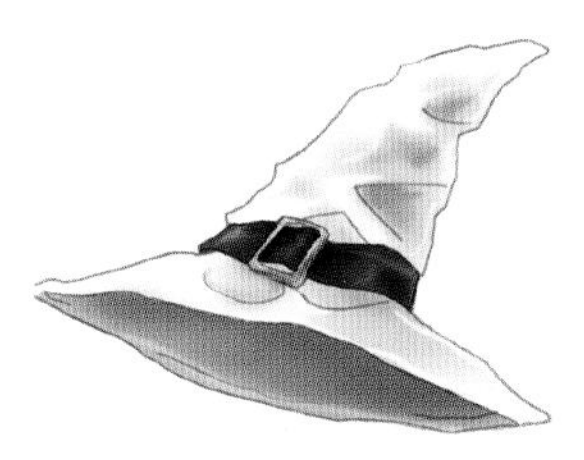

客观地想一想

用直觉想一想

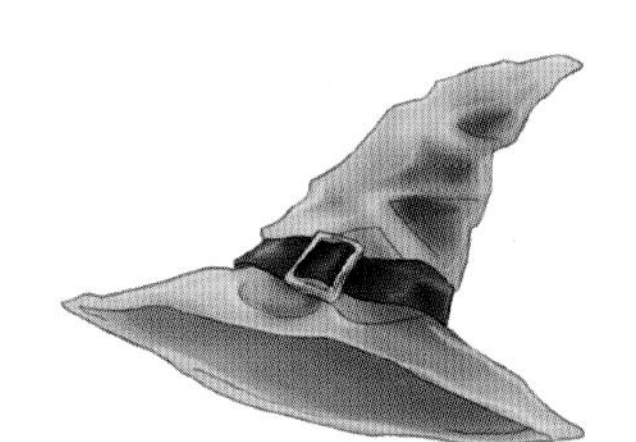

想一想优点

想一想缺点

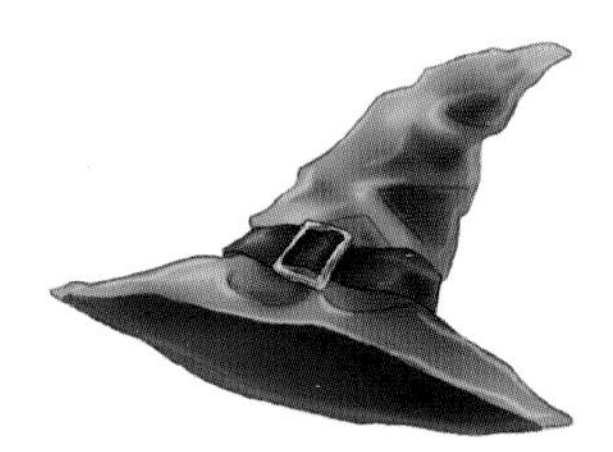

想得越有创意越好

综合起来想一想

你在海岸看过哪些动物？

你觉得哪种红树林动物最奇妙？

为什么动物要住在海岸？这里有哪些优点？

为什么在沙滩上很少看见动物？

如果要住在潮间带，应该如何设计房子？

海岸生态系统对其他生态系统有什么影响？

目录

CONTENTS

（沙岸）

单元1

海岸的种类和环境

海岸是陆与海的交会处，具有多变的环境和丰富的生物。不同的海岸有不同的环境特性，生存在其中的植物与动物，也针对各种海岸环境，发展出不同的适应方式。

礁岩海岸受到侵蚀形成海蚀沟、海蚀洞。藻类可附着在礁岩上，动物也可栖息在沟槽和孔洞中。（图片提供/达志影像）

海岸的种类

依照环境的特性，海岸可简单分为礁岩海岸、沙岸及河口湿地等3种主要的类型。礁岩海岸由坚硬的岩层或生物礁构成，通常坡度相当陡峭，由于受到海浪的侵蚀，常常可以见到海蚀崖、海蚀平台、潮池等景观。

沙岸大多出现在冲积平原附近的海岸。陆上的泥沙随着河水流入海中，再受到海流的搬运，在海岸堆积形成沙岸，因此这里的坡度相当平缓，常可以见到大范围的沙滩、沙洲、潟湖等地形。在河川的出海口附近，由于河水流速缓慢，大量的泥沙及腐殖质沉积，往往形成大范围的河口湿地，在部分热带地区还会形成大片的红树林。

受到潮汐的影响，不同的海岸动物选择栖息在不同的区位。（插画/陈志伟）

潮上带、潮间带及潮下带

由于月球引力的吸引，使得海水每天有2次涨、退潮的活动。涨潮时，海水的最高位置称为“高潮线”；相反的，退潮时海水的最低位置则称为“低潮线”；而两者间的区域就称为“潮间带”，潮间带的范围受到潮差、地形、坡度等因素的影响。至于潮间带以上的区域，受到飞溅海浪影响的范围称为“潮上带”或“飞沫带”；而潮间带以下到大陆架之间，最深可达200米的地区称为“潮下带”或“亚潮带”，是海洋中生物多样性最高的区域。

潮间带的环境与海岸的类型有密切的关系。一般来说，礁岩海岸的潮间带具有发达的潮池，同时也有多样化的栖息地供动物栖息，然而由于地形陡峭，潮间带范围相当狭窄，动物必须面对不断袭来的海浪。泥沙海岸的地形平缓，涨潮与退潮间距离可能达数千米，但是泥沙海岸的环境通常比较单调，能够提供的栖息地类型有限，生物种类少。

礁岩海岸的潮间带适合藻类生长，由于食物丰富，栖息地多样化，这里的动物种类也比较多。（图片提供/达志影像）

退潮时，海水蓄积在低洼处形成潮池，成为海岸动物的栖身场所。（图片提供/维基百科，摄影/Jon Sullivan）

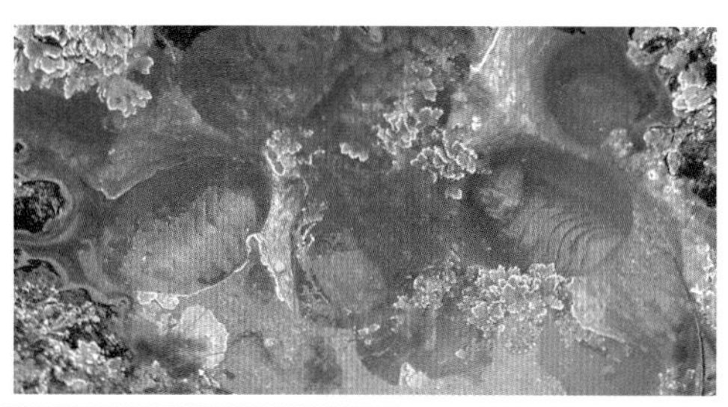

大潮与小潮

潮汐主要是海水受到太阳、月球引力所形成的，其中距离地球较近的月球影响较大。在农历初一、十五前后，由于地球、太阳和月球排成一直线，海水受到太阳及月球引力的共同作用，潮位的变化最大，称为“大潮”；而当地球、太阳和月球排成一直角时，太阳和月球对海水的引力相互削弱，潮位的落差最小，此时称为“小潮”。潮间带动物的活动受到潮汐影响很大，招潮蟹、贝类等动物的生理时钟，经过长时间的进化，已能配合每天潮水的涨落，科学家发现将招潮蟹放入没有潮汐的实验室中，它们还是会依照原本的潮汐周期活动。

满月时，地球、月亮和太阳排成一直线，这时潮位变化最大，称为大潮。（图片提供/达志影像）

单元2

潮间带的动物

（成群的和尚蟹，图片提供/GFDL，摄影/Peter Ellis）

潮间带是陆与海的生态交会区，生活在这里的动物，必须面对两种截然不同的环境特性，其中有些是暂时出现的投机主义者，其他则发展出独特的适应方式，并形成庞大的族群。

潮间带动物特性

我们常根据一个地区的主要环境类型来命名生态系统，如海洋生态系统、森林生态系统等。其实生态系统并不是单一、界线分明的，而是连续性的分布，潮间带就是陆地生态系统与海洋生态系统之间的“生态交会区”。潮间带具有栖息地多样化、营养源丰富等特性，许多鱼类的幼鱼在这里生活，因此也吸引一些掠食性鱼类和鸟类前来。不过，潮间带的环境严苛，必须面对盐度、潮汐、海浪等变化，一般动物不易适应，往往只有少数种类可以生存，一旦适应，便可能形成数量惊人的族群。

潮间带是海洋生态系统与陆地生态系统交会的地区，具有复杂多样的栖息地。（图片提供/达志影像）

由于每天海水的涨退，有利于动物滤食水中的有机物，因此潮间带生活着许多滤食性的海绵、管虫和贝类。（图片提供/达志影像）

常见的潮间带动物

沙岸和河口湿地的潮间带虽然较广阔，但是环境单一，加上没有岩石可供动植物附着、抵抗海浪，因此动物的种类较少，尤其缺少固着性动物，多半掘洞躲在泥沙底下生活，常见的有蛤、沙蚕、管虫等。

在礁岩海岸的潮间带，常有许多深浅不一的潮池。潮池中有丰富的食物，因此许多动物顺着潮水前来觅食，当退潮时，有些便顺着“潮沟”游回海中，以免被困在温度和盐度变化大的潮池中，因此潮沟可以说是退潮时动物的逃生门。一般潮沟水流湍急，往复的海水中夹带丰富的食物，因此成为许多固着性和滤食性动物的重要栖息地，常见的有海绵、牡蛎、藤壶、珊瑚等。

在以生物礁为主的海岸中，潮间带生物种类最多，因为生物礁有许多孔隙，提供水生动物良好的栖息环境，是多种棘皮动物的重要栖息地，最常见的有海星、海参及阳遂足。全世界棘皮动物共约有6,000种，由于具有独特的“管足”，可以缓慢地移动，同时也能捉住岩石表面，抵抗海浪的冲击。

棘皮动物几乎全都生活在海洋环境中，其中岩岸的潮间带是海星、海胆的最佳栖息地。（图片提供/维基百科）

双齿围沙蚕是沙岸潮间带常见的多毛类，以藻类或其他小虫为食。（图片提供/维基百科，摄影/Hans Hillewaert）

海黄瓜把戏多

海参属于棘皮动物，种类多达1,000多种，其中数种是人类喜爱的美食。它长长的外形像一条黄瓜，所以西方人称它为“海黄瓜”，身体一端是口部，一端是肛门。口部周围的管足特化成摄食的触手，主要以海藻、有机碎屑为食；其他管足则从口部排列到肛门。当遭到袭击时，海参有许多御敌方法，有些会喷出黏丝，困住对方；有些会释放有毒或麻醉性物质；有些则将内脏、呼吸器及生殖器从肛门排出。海参主要在海底生活，会进行夏眠，水温过高时，它便埋入海底沙堆休眠。少数大型海参体内有一种小而细长的隐鱼寄生，当隐鱼遇到敌害，便钻入海参的肛门内避难，由于隐鱼并不会影响海参的生活，因此海参也不排斥这个房客。

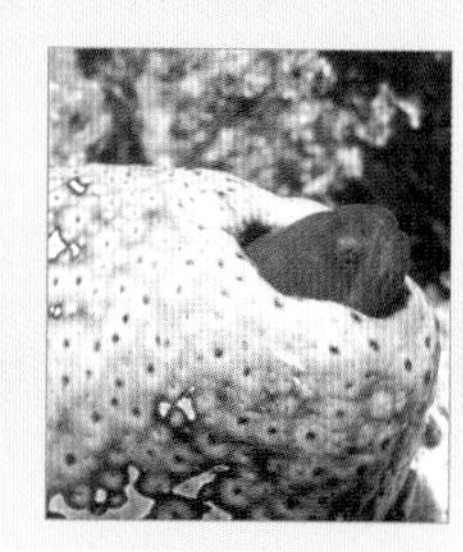

隐鱼可寄生在海参体内或双壳贝中，因此它的英文俗名为pearlfish（珍珠鱼）。（图片提供/达志影像）

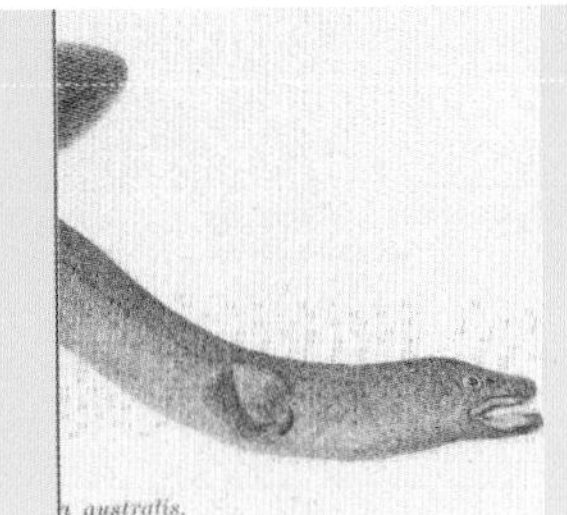

单元3

适应盐度的变化

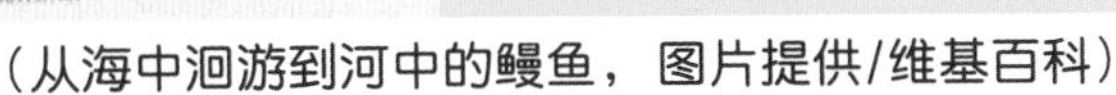

（从海中洄游到河中的鳗鱼，图片提供/维基百科）

生活在淡水中的动物，处在高渗透压的海水中，可能造成身体脱水；相反的，生活在海洋的动物，处在低渗透压的淡水中，盐分平衡也会失调。这两种情形都会危及动物的性命，因此，生活在淡水和海水交会的环境中，动物必须具有调节体液浓度的机制。

河口动物的适应

在河川出海口附近，河水与海水交会，水的盐度介于0.5‰—30‰之间，并会随着涨、退潮而改变，这里的海水称为“半淡咸水”。此外，由于河水流动方向通常和海浪的方向相反，造成水中出现大量的气泡，有如汽水一般，所以这个区域也称为“汽水区”。

生活在半淡咸水区域的硬骨鱼类，鳃上具有负责离子调节的细胞，并配合一套复杂的渗透压调节机制，因此能够适应水域盐度的改变，维持体内渗透压恒定。能够适应大范围盐度变化的鱼类，称为“广盐性鱼类”，虽然它们对水域盐度的改变有很强的适应力，但不同的鱼类还是有适应程度的差异，有些种类无论是在半淡咸水或纯淡水中都能正

银花鲈鱼原产于北美洲的大西洋海域，但会进入河川中产卵，可适应河口水域的盐度变化。（图片提供/维基百科）

印度的胡格利河注入孟加拉湾。在河口地区，淡水逐渐混入海水，造成盐度剧烈的变化，有些地区还会出现大量的气泡。（图片提供/NASA）

常生活、繁殖，如花身鸡鱼等；有些则是幼鱼和成鱼在不同盐度的水域中生活，如鳗鱼和鲑鱼等。

射击高手——射水鱼

分布在河口汽水区的鱼类，又被称为“汽水鱼”，其中生活在东非、澳大利亚沿海地区的射水鱼（高射炮鱼），是非常著名的观赏鱼，不论在淡水或海水中都能饲养。射水鱼通常生活在水面，注视空中，当它发现停栖在水面附近的昆虫时，会以口喷出水柱，把昆虫打落水面后捕食。射水鱼喷射的水柱射程可达1米，几乎百发百中，在射水的过程中，射水鱼甚至会修正由于水中光线折射造成的视觉差异。

射水鱼嘴巴顶部的小沟和舌头构成细长的管子，挤压鳃盖喷出嘴里的水，可打落树枝上的昆虫。（图片提供/达志影像）

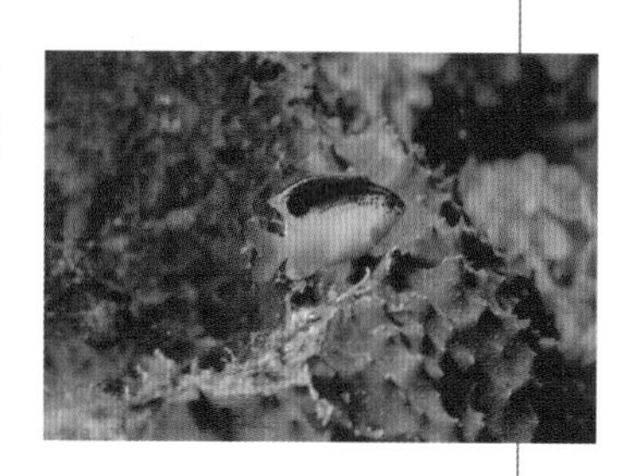

部分雀鲷科鱼类可利用鳃调节体内的渗透压，因此能够生活在盐度快速变化的潮池中。（图片提供/达志影像）

潮池动物的适应

并非只有生活在河口的动物，必须面对淡咸水交替的环境，一些生活在礁岩海岸潮池的动物，有时也会面临严重的淡水冲击。退潮时，潮池的海水与海洋隔绝，如果又遇到下大雨，潮池中的海水盐度就可能有大幅度的变化，直到下次涨潮才恢复。虽然只有短短数个小时，但对于只适应海洋高渗透压环境的动物而言，就可能致命。

潮池中常见的一些雀鲷科鱼类，多半具有调节渗透压的能力，因此可以轻松适应淡咸水的变化；至于调节能力不佳的其他鱼类，大多只能躲在较深、盐度变化较小的底部，等到涨潮后再游出去；而牡蛎、藤壶等无脊椎动物，则借由紧闭外壳，防止淡水进入；有些甲壳类则可以暂时调节体内尿素的浓度，以平衡体内的渗透压。

潮池是一个不稳定的栖息地，海水的温度和盐度变化快，生活在这里的螃蟹必须具备广温、广盐的适应力。（图片提供/达志影像）

单元4

适应干旱与潮水

(玉黍螺，图片提供/维基百科，摄影/Fritz Geller—Grimm)

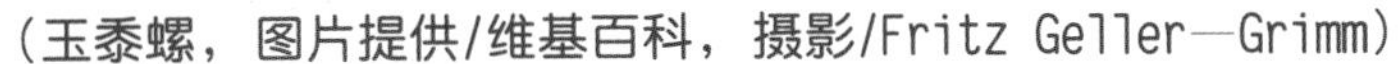

海岸潮间带虽然有来自陆地和河川的养分，然而每天2次的涨潮和退潮，以及随之而来的干旱与潮水不断交替，是动物适应的一大课题。此外，退潮后受到阳光直射，也对水生动物造成生命威胁。

涨潮活动的动物

对于适应在海中生活的潮间带动物来说，被潮水淹没时是主要的活动期，而退潮后，便要面临干旱和曝晒的问题。岩岸地区有许多固着性的动物，例如固着在礁岩上的藤壶、牡蛎等，当潮水退去后，必须直接面对无水、烈日照射的困境，而它们的身体又无法移动，因此只能把身体“藏”进厚厚的外壳。它们的外壳十分坚硬，一来可以抵抗海浪的侵袭，另一方面也可以防止体内水分的流失。

涨潮时，藤壶会打开壳板，伸出6对长长的蔓足，在水中挥动，捕食浮游生物及有机物颗粒。（图片提供/达志影像）

双壳贝具有2根水管，海水由入水管送进鳃中，藻类或有机碎屑留在鳃中，过滤后的海水再由出水管排出。（图片提供/达志影像）

其他还有一些能活动的笠螺、蜑螺等软体动物，也以类似的方式抗旱，它们在退潮时躲在较隐秘的地方，身体缩回壳内，然后紧闭壳体。此外，在沙岸或河口湿地也有躲在沙底的动物，如双壳贝类、管虫等，它们在地下挖一个洞穴，涨潮时把身体局部伸出来觅食，退潮时则躲回洞穴中。

玉黍螺是潮间带常见的软体动物，通常在涨潮时活动，不过也可长期忍受干旱的环境。(图片提供/达志影像)

退潮活动的动物

有些潮间带动物喜欢在退潮时活动，当潮水来时，就轮到它们躲起来了。招潮蟹、弹涂鱼等是生活在泥沙地或红树林的动物，它们通常在退潮时出来活动；涨潮时，有的爬到树上，有的钻入洞穴，以躲避随着潮水游进来的大型掠食者。

螃蟹和鱼类原本都生活在水中，然而招潮蟹和弹涂鱼却能在退潮时活动，这是因为它们能从空气中获得氧。招潮蟹的鳃室中含有大量的水分，可以用循环水流不断地吸取空气中的氧；当涨潮时，招潮蟹会躲回洞穴内，并用软泥盖住洞口，使洞穴内保有足够的空气。弹涂鱼的鳃特化为储存水分的膨大鳃室，这些水分可循环通过血管以提供氧气，另外，弹涂鱼潮湿的皮肤也可以进行气体交换。

牡蛎的潮汐周期

牡蛎是常见的潮间带动物，也是深受人们喜爱的海产，我国自宋朝就有养殖牡蛎的记载，也发现牡蛎的生长和潮汐有关。牡蛎是固着性的动物，平时在涨潮时打开壳，滤食水中的微生物和藻类，退潮便紧闭双壳。牡蛎生殖腺饱满后，通常会在大潮和水温的刺激下释放出精子或卵。由于牡蛎的幼体过着浮游生活，因此可以借由潮水扩散出去，经过2—3周的浮游生活后，幼体准备变态附着，这时也是蚵农采苗的好时机。

牡蛎分为卵生型和幼生型。卵生型为雌雄异体，通常在大潮时同时释放精子和卵，卵在海中受精。幼生型则雌雄同体，自体受精。（图片提供/达志影像）

左图：招潮蟹可在鳃室中储存水分，因此离开水时，可以呼吸空气中溶于水的氧。（图片提供/达志影像）

左图：弹涂鱼的鳃退化，特化为储存水分的构造，再以富含微血管的口腔呼吸，此外，湿润的皮肤也可用来呼吸。（图片提供/达志影像）

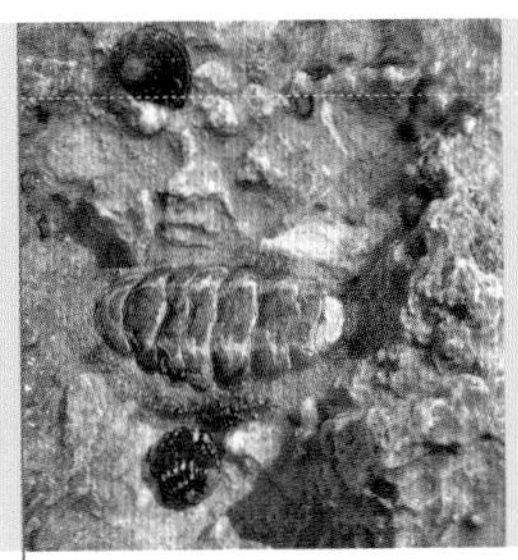

单元5

抵抗海浪的冲击

（螺和石鳖，图片提供/维基百科，摄影/Hans Hillewaert）

礁岩海岸的潮间带有充足的氧气和丰富的食物，加上大型的掠食者不易进入，是许多小型水生动物理想的居住地，然而要在这里生活，必须能够承受强大的海浪拍打。

固定在礁岩上

海浪是海面起伏的现象，当海浪拍击海岸时，会产生强大的冲击和冲刷，尤其在地势陡峭的岩岸，拍打在礁石上的海浪更具有破坏力。因此生活在这里的潮间带动物，有的将自己固定起来，以坚硬的构造减轻海浪的伤害，有的则躲藏在海浪拍打不到的洞穴中。

藤壶与壳菜蛤成群黏附在面海的岩石上，以抵抗海浪强大的冲击。（图片提供/GFDL，摄影/Janek Pfeifer）

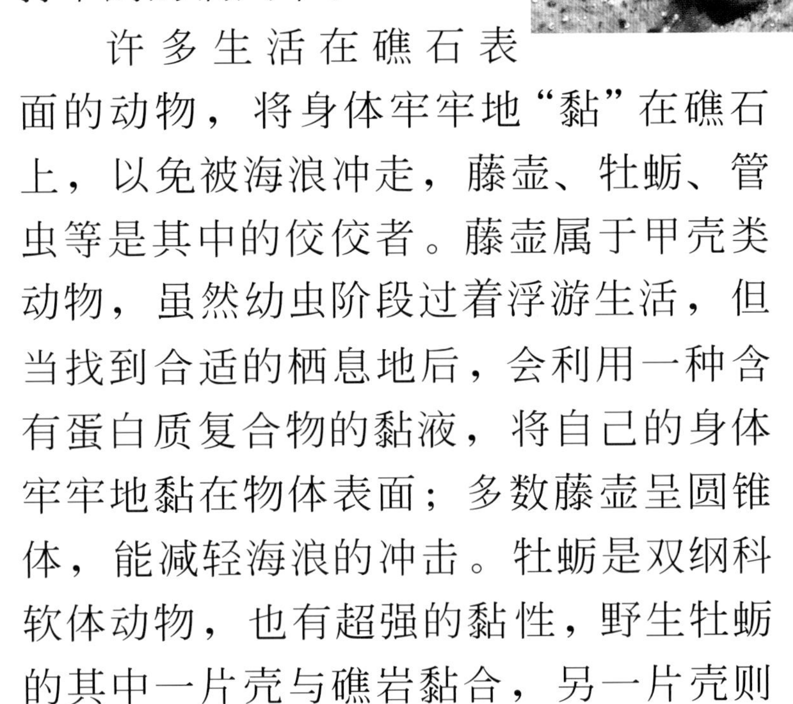

硬管虫是一种环节动物，能分泌钙质的硬管黏附在岩石上，涨潮时将羽状的鳃伸出管子，用来呼吸及觅食。（图片提供/达志影像）

许多生活在礁石表面的动物，将身体牢牢地“黏”在礁石上，以免被海浪冲走，藤壶、牡蛎、管虫等是其中的佼佼者。藤壶属于甲壳类动物，虽然幼虫阶段过着浮游生活，但当找到合适的栖息地后，会利用一种含有蛋白质复合物的黏液，将自己的身体牢牢地黏在物体表面；多数藤壶呈圆锥体，能减轻海浪的冲击。牡蛎是双纲科软体动物，也有超强的黏性，野生牡蛎的其中一片壳与礁岩黏合，另一片壳则呈扁平状，有助于承受海浪的侵袭。有些管虫具有钙质的硬管，可黏附在礁石上抵抗海浪。

吸附在岩石上

有些动物不直接黏在礁岩上，而是“吸”在礁岩上，同样可以对抗海浪，又保有活动的能力，软体动物中的笠螺及石鳖等，就是自备强力吸盘的高手。笠螺在分类上属于“腹足纲”，而石鳖

笠螺外形像斗笠，除了用腹足紧紧地吸附在岩石上，还能够将海浪的冲击力分散到岩壁，强化吸附力。（图片提供/维基百科，摄影/Mark A. Wilson）

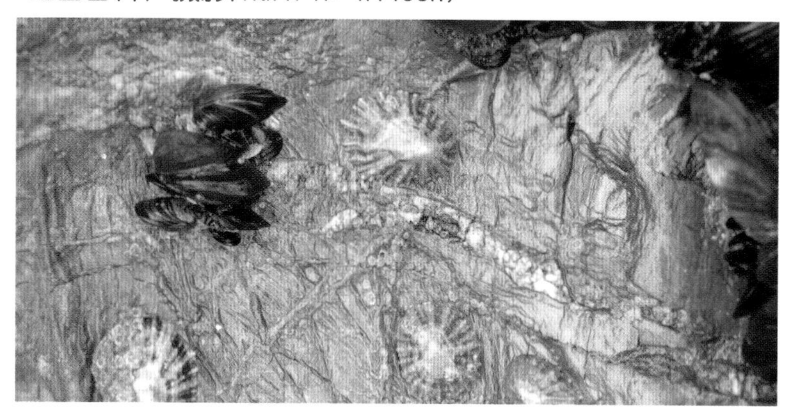

则属于“多板纲”，它们的腹足具有厚实的肌肉，能产生强大的吸力，使身体牢牢地吸附在岩石上；笠螺如斗笠般圆锥形的壳，还能将海浪的力量导引到垂直的岩壁，更进一步强化吸附的力量。此外，脊椎动物中的弹涂鱼也是吸力高强。许多生活在礁岩地区的弹涂鱼，胸鳍特化为吸盘，可以吸附在岩石表面，即使被海浪打入海中，也能用像吸盘一样的胸鳍爬回礁石上。

石鳖常吸附于潮间带的礁石上，以齿舌刮取表面藻类为食，背面8片坚硬的壳板可以保护柔软的身体，抵抗海浪拍打。（图片提供/达志影像）

防浪高手——藤壶

海岸的礁石上常可见到许多像小火山口的藤壶，它们可以说是潮间带动物的代表，各种坚硬的底质都可以附着上去，除了礁岩以外，船底、漂流的木材，甚至大型鲸类的身体，都可以见到它们的踪迹。虽然藤壶过着固着性的生活，不过它们的幼虫却是浮游在水中，经过一段时间后，才开始利用身上的小触须寻找可以定居的场所。一旦找到合适附着的地方，藤壶幼虫会以小触须紧紧抓住物体表面，然后分泌黏性超强的蛋白质，将身体牢牢地黏附上去。

藤壶的外形随栖息地的不同而有差异，在鲸类头部的藤壶，外壳多半较为扁平，以避免受到水流的拉力。（图片提供/达志影像）

生活在岩岸的动物

（岩岸地形，图片提供/维基百科，摄影/Pseudopanax）

岩岸地区常具有陡峭的海岸，不同高度受到的波浪力量不同，干旱时间也不同，因此动物的分布有明显的垂直分层。其中固着动物的垂直分布更是显著，即便是同种动物，上层和下层的形态也有不同，如海绵、藤壶等。

海胆虽然有管足可吸附在礁石上，但无法抵抗大浪冲击。（图片提供/达志影像）

潮下带动物

岩岸的垂直分层现象，在不同地区的变异不大，主要的差异是每个层次的深度，以及层次间重叠的程度，虽然部分动物可能因地区而异，但基本类型仍非常类似。

在低潮线以下，也就是潮下带，即使退潮也完全浸在海水中，由于食物丰富，海浪力量较小，也没有干旱问题，因此动物最多，生存空间也比较拥挤，有些动物生活在岩石表面的裂缝中。这个区域以典型的水生动物为主，常见的有海绵、海葵、珊瑚、管虫、牡蛎等固着性动物，以及海星、阳遂足、海胆、螺类等移动性动物。海胆的种类很多，其中的刺海胆呈球形，管足末端常有吸盘可以附着，或是以身上的棘刺来嵌入岩缝中，以固定身体，有些棘刺具有毒腺，因此不能随意食用。

潮下带经常都被海水淹没，环境较潮间带稳定，适合藻类生长，动物的种类和数量都很丰富。（图片提供/达志影像）

潮间带与潮上带动物

往上一点进入潮间带，主要有贻贝、藤壶等固着动物，其他还有具强大吸附力的笠螺或

玉黍螺以锉刀状的齿舌，刮食岩石表面的有机物或藻类。（插画/施佳芬）

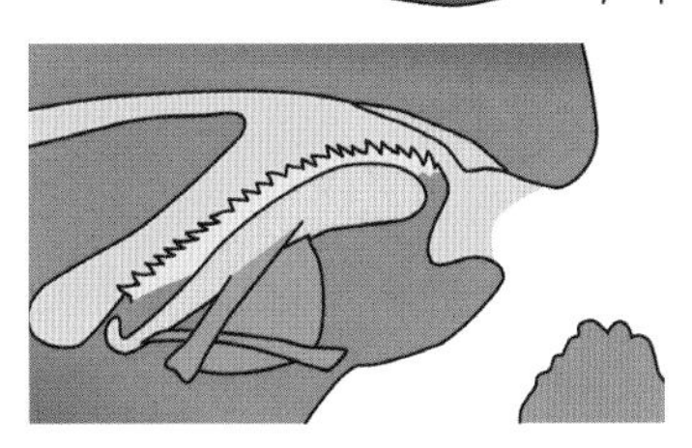

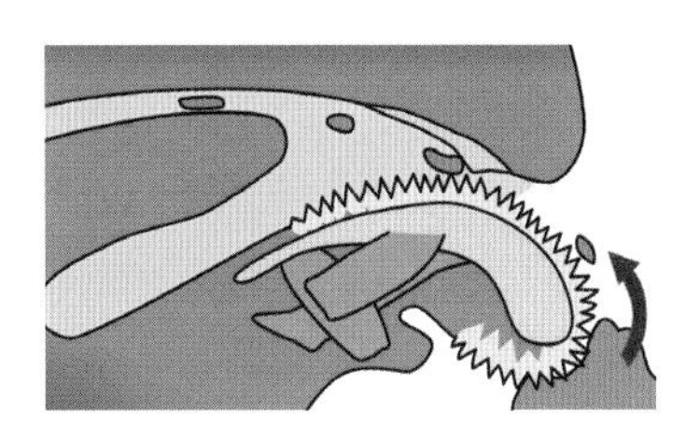

石鳖。藤壶在潮水淹没时，伸出蔓足滤食水中的微生物。贻贝大多生活在海水中，少数在淡水中，海生贻贝常以足丝将身体固着在硬物表面，利用入水管引入海水，以特殊的鳃来滤食，再以出水管排出。笠螺或石鳖在潮水来临时，在岩石上滑行，以锉刀般的齿舌刮食岩石表面的藻类。

靠近水线附近，露出水面的岩石表面，常可以见到身体扁平的方蟹，以尖锐的脚尖抓住多孔的岩石，扁平的外形则有利于承受海浪的冲击，在必要时，也方便躲到岩缝间。

再往上就是飞沫带，这里的动物耐旱力最强，白天有海蟑螂活跃，夜晚则轮到蟹类登场。此外，这里常有多种玉黍螺，依不同的耐旱能力分布，有些还会随着潮水上下移动觅食。

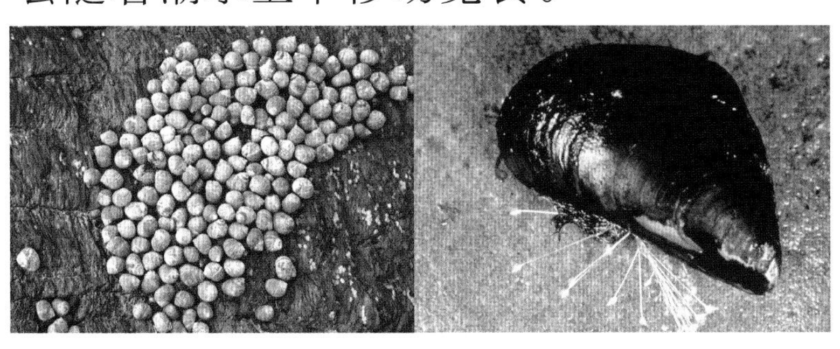

峡湾海岸的生态

峡湾的形成与冰川作用有关，滨海地区的冰川侵蚀地表形成峡谷后，海水侵入，便形成水深而海岸狭长的峡湾；换句话说，峡湾就是被海水淹没的冰川谷地。位于北欧的挪威及南半球的新西兰，拥有相当发达的峡湾地形，其中挪威的松恩峡湾是世界上第二长的峡湾，全长204千米，深度约1,300米。一般来说，峡湾的坡度相当大，而且相当深入陆地，因此峡湾的内部通常是风平浪静的环境，是许多海洋生物在繁殖时的避风港。

新西兰的米尔福德峡湾是多种海豹、海豚和海鸟的重要栖息地。（图片提供/GFDL，摄影/Anke Ludtke）

左图：欧洲玉黍螺是体形最大的玉黍螺，耐旱且能抵抗海浪，因此可以在潮间带生活。右图：壳菜蛤就是欧洲人常吃的“淡菜”，足丝非常发达，用以附着在潮间带的礁石间。（图片提供/达志影像）

（海鸥，图片提供/GFDL，摄影/Gnangarra）

单元7

生活在沙岸的动物

相对于岩岸的险峻，沙岸的环境就平缓许多，但是单一的环境，加上沙粒在海水的冲刷下不易留住有机质，因此生物种类和数量都不如岩岸和河口湿地。

沙岸的地下

沙岸大多由细沙组成，底质比较不稳定，且平坦的沙滩缺少躲藏的场所，因此很少动物能固定居住在沙岸的表面，大多会挖洞居住。常见的沙滩动物以底栖性动物为主，包括文蛤、竹蛏等贝类，以及沙蚕、管虫等多毛类环节动物。双壳贝类大多以强健的斧足挖掘，沙蚕等则以细长的身体钻洞。此外，还有沙蟹、沙蚤等甲壳类出入洞穴。地下的洞穴能让动物躲避敌害、海浪，此外，洞穴中的湿度和温度也比地面稳定，沙蟹和沙蚤甚至会挖掘很深的洞穴来冬眠。当这些动物藏在泥沙中，双壳贝类会露

管虫是沙岸常见的动物，属于环节动物门多毛纲的动物，身体藏在管中，只露出鳃来呼吸。（图片提供/维基百科）

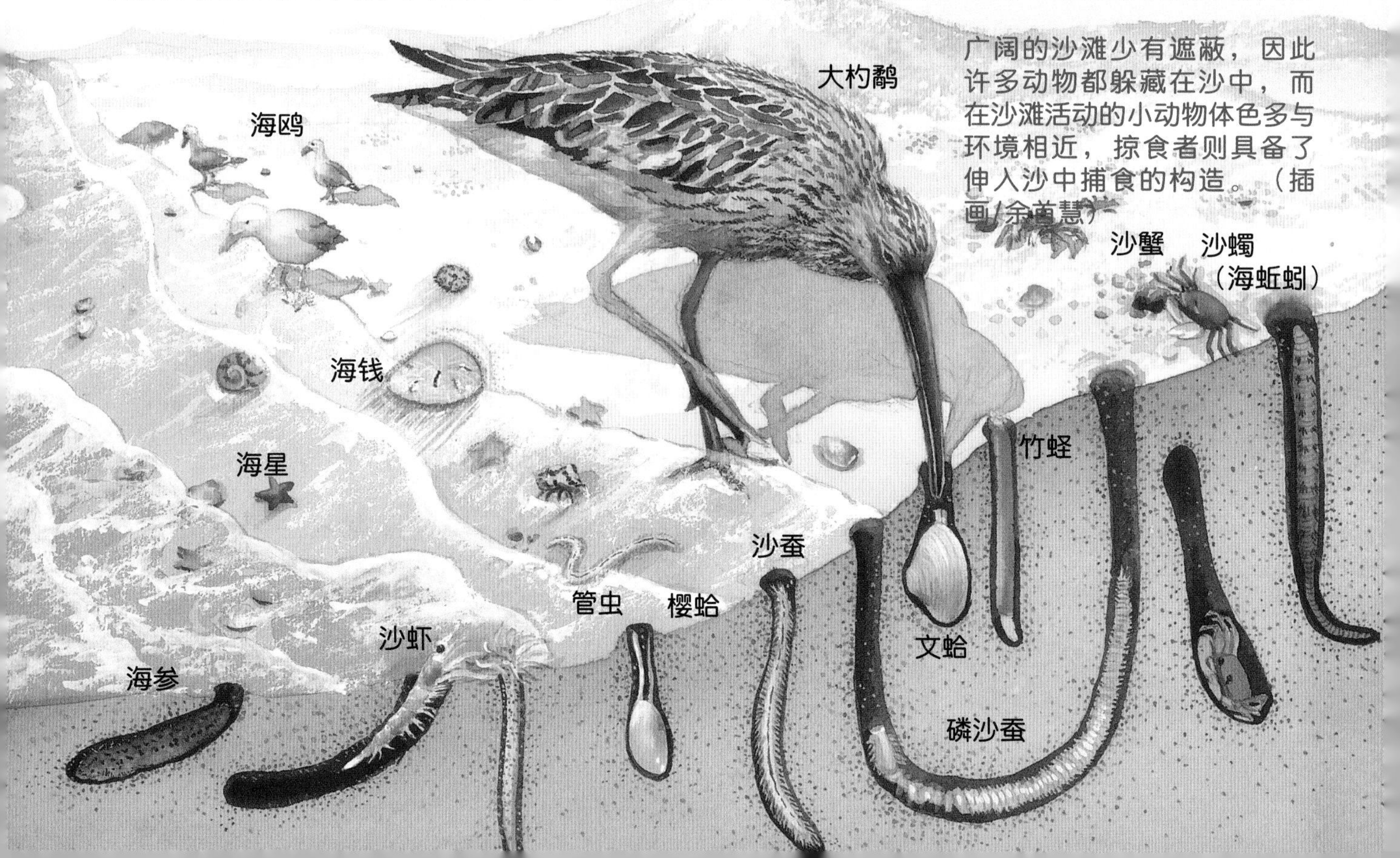

广阔的沙滩少有遮蔽，因此许多动物都躲藏在沙中，而在沙滩活动的小动物体色多与环境相近，掠食者则具备了伸入沙中捕食的构造。（插画/余首慧）

出水管来呼吸和滤食，管虫利用羽状鳃在管口散开，而沙蟹潜入沙中时，便利用长眼柄让眼睛探出地面。

沙岸的地面

在沙滩上较常见的蟹类是沙蟹，它们的体色多半与环境相近，行动快速，瞬间就不见踪影，因此又称鬼蟹或幽灵蟹。沙蟹在退潮时活动，以沙滩上富含有机物的泥沙为食，此外也四处寻找可吃的动物尸体，甚至捕食其他螃蟹、海蟑螂等。此外，沙滩上也可见到海钱和螺类。海钱是扁形海胆，体表有细小的刺，可用来爬行和挖沙。螺类属于软体动物，以腹足滑行和挖沙。由于沙岸的动物较少，因此来此觅食的鸟类相对也少，有鹬科鸟类和海鸥等以贝类、螃蟹为食。

全世界的海龟

海龟一生都生活在海洋中，只有在雌海龟产卵时才上岸，卵通常产在海水淹不到的沙滩上。（图片提供/欧新社）

目前全世界发现的海龟有7种，主要以海中软体动物与水母为食，有些种类还以海藻为食，并随食物的分布，进行长距离的迁移。海龟的性别是由卵孵化时的温度所决定，一般来说，在较高温环境孵化的个体，多发育为雌性，相反则成为雄性。虽然海龟从小到大会遇到许多掠食者，然而它们最大的天敌还是人类。海龟的卵一直是沿岸居民额外的蛋白质来源，此外，沙滩的开发更直接地造成海龟产卵地消失。

虽然沙岸的动物种类和数量相对偏少，但一些热带及亚热带的沙滩却是海龟的产卵场。繁殖季节时，成熟的雌海龟会游到产卵地附近的海域交配，并在满潮的夜晚爬上沙滩的高处，挖坑并产下100—150颗卵，将坑掩盖后才爬回海中。经过1.5—2个月后，小海龟孵化爬出沙坑，依本能往海岸移动，在这段路程中，几乎所有在沙滩或海里的肉食动物都是小海龟的天敌，许多海鸟聚集在沙滩上捕食。

海钱属于棘皮动物门海胆纲，身体扁平，因此又称为扁形海胆，表皮呈黄棕或黑褐色，在沙滩上形成良好的保护色。（图片提供/达志影像）

沙蟹具有长眼柄和较大的眼球，视力佳，行动迅速，通常躲藏在高潮线附近的洞穴中。（图片提供/达志影像）

(涨潮时的红树林，摄影/巫红霏)

单元8

河口及红树林的动物

河口及红树林湿地有来自河川及海洋的养分供应，是世界上生产力最高的海洋生态区域之一，但是每天伴随潮汐而来的淡咸水交替，却是最大的生存挑战，因此这里的生物多样性比较低，但是每个生存下来的物种，都有惊人的族群量。

有些虾虎鱼会在河海洄游，幼鱼在河口成长，涨潮时随海水进入红树林，以水中有机碎屑为食。（图片提供/达志影像）

河口湿地生态

在大型河川的入海口，由于大规模的沉降作用，常会形成大面积的湿地，这些湿地由于底质的粒子非常微细，透气能力不佳，因此在地表之下几厘米就已经呈现无氧的状态，加上高盐的海水，因此仅有特定的植物能够在此生长。

依据生长的植物类型，河口湿地可分为以一年生草本植物为主的草泽，以及以红树林为主的林泽。不过，这些植物很少被生活在河口的动物直接取用，大多数的动物以地表沉积的有机碎屑为主要食物来源。河口湿地动物最典型的代表动物是招潮蟹和弹涂鱼，不论在红树林还是草泽中，都可见到大量的族群；在红树林靠近水线的树干基部，还生活着许多玉黍螺；底泥中也同样有贝类和多毛类掘洞而居。

河口湿地堆积大量的有机营养源，因此底栖动物丰富，吸引许多水鸟在这里栖息。（图片提供/达志影像）

草泽环境因地形平坦，底泥中有大量的沙蚕等多毛类，会吸引许多鹬鸻科鸟类前来觅食，此外许多雁鸭科及鹭科的鸟类也会在这栖

息。至于红树林中，水鸟不易活动，只能在退潮的红树林边缘泥滩觅食；当潮水上涨、淹没红树林的根部时，则有鱼类随潮水进入红树林，在此自由穿梭。

左图：红树林有缓冲海浪的功能，东南亚国家发起栽种红树林活动，以纪念2004年南亚大海啸。（图片提供/达志影像）

动手做螃蟹

红树林的泥滩地上有许多螃蟹和双壳贝，不过到海边捉螃蟹和蛤蜊会破坏生态，不如自己动手做！只要找几个吃过的文蛤壳，就能做出可爱的螃蟹。材料：蚌壳、活动眼睛、铁丝（铝线）、草绿色丙烯颜料、水彩笔、厚纸板、白乳胶、泡沫塑料球、刀片、剪刀。

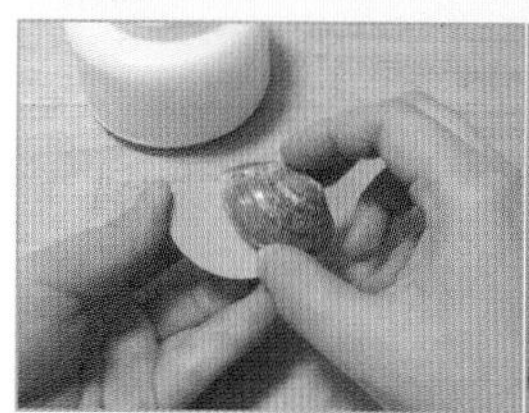

（制作/杨雅婷）

1. 在厚纸板上描绘出蚌壳的形状，并剪下2片，用白乳胶将厚纸板和蚌壳粘起来。
2. 将泡沫塑料球剖半，再切出一个内凹的三角形，做出螃蟹的螯。
3. 准备12段长约3厘米的铁丝，将铁丝排在蚌壳两侧，再把螯与眼睛放上去，调整位置后，将另一个蚌壳也组合起来。
4. 将螃蟹涂上草绿色丙烯颜料，最后将8只脚弯曲成形，蚌壳螃蟹就完成了。

河口湿地的重要性

河口湿地无法以人工方法培育，一旦受破坏，只能静待自然恢复。过去开发业者认为河口湿地是毫无利用价值的烂泥滩，甚至是孳生蚊蚋的环境。实际上河口湿地如海绵一般，可吸纳大量的河水，在豪雨期间，可以降低河水暴涨的几率。此外许多湿地动物扮演着重要的生态角色，将陆地沉积的有机碎屑转换成生物体的构成物质，进入食物链供其他生物使用，河口湿地所转换的养分，远超过维持生态系统所需，而多余的部分则随海水及洋流，进入沿岸的海域，成为其他生态系统的营养来源。

由于红树林生长在河口的泥泞湿地，较少人为干扰，很适合鸟类栖息，图中的褐鹈鹕在红树林求偶筑巢。（图片提供/达志影像）

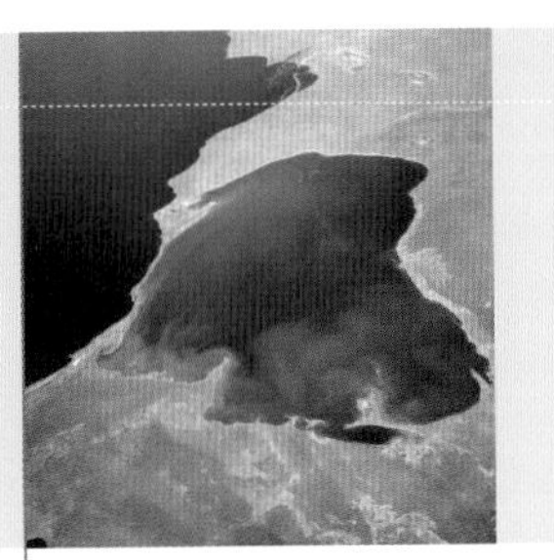

单元9

潟湖中的动物

（潟湖，图片提供/NASA）

潟湖常出现在河口附近，由于有滨外沙洲的屏障，通常呈现风平浪静的景象。平缓的潮水，加上来自河川上游源源不断的有机质，以及旺盛的沉积作用，使潟湖成为许多海岸动物重要的栖息地。

底栖性动物

潟湖大多属于泥沙底质，因此成为许多沙岸和泥岸动物的大本营，其中最主要的是埋在泥沙中的底栖性无脊椎动物，包含许多双壳类的软体动物、沙蚕和海虫等环节动物，以及海钱等棘皮动物。此外，还有一些生活在泥沙表面的动物，包含招潮蟹、和尚蟹、沙蟹等甲壳类，以及弹涂鱼、鸟类等脊椎动物。

在食物链中，潟湖地区的食物来源主要是来自河川或海洋的沉积物，许多生活在潟湖的底栖无脊椎动物扮演着碎屑清除者的角色，滤食泥沙地的沉积物、遗骸，具有把沉积物中复杂的有机物分解为简单的无机物的功能，有助于自然界有机物的循环。

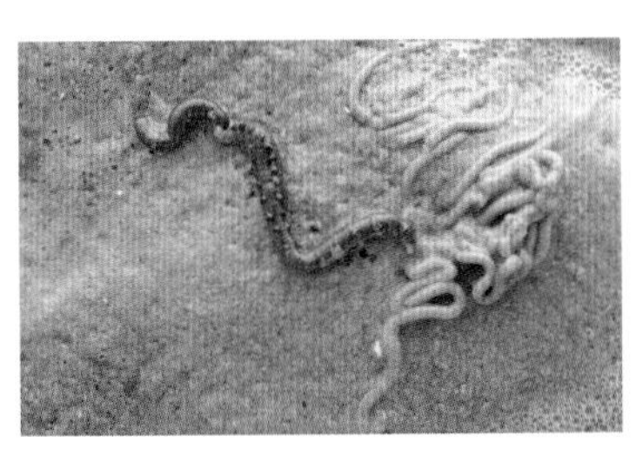

沙蠋是泥滩上常见的动物，大量吞食泥沙，消化其中的养分，再将泥沙排出。（图片提供/达志影像）

和尚蟹以泥沙中的有机物为食，经常成群在泥滩上活动，有如士兵行军，因此又称兵蟹。（图片提供/达志影像）

鱼类与鸟类的觅食地

对于生活在邻近潮下带的鱼类而言，潟湖是一个重要的避风港及觅食地，许多沿岸的鱼类，涨潮时常常跟随潮水游入潟湖觅食，退潮时再随潮水游出。除了作为天然的觅食地之外，潟湖也是许多大洋洄游性鱼类幼鱼的生长场所，浪人鲹、六带鲹等鲹科鱼类，在幼

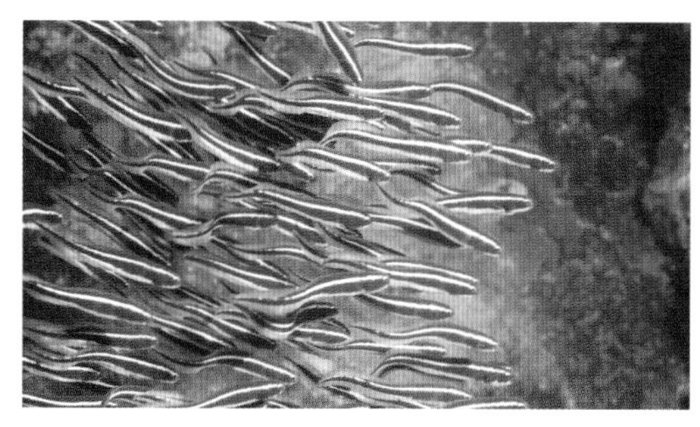
白条锦鳗鳚栖息于较浅的潟湖和沿岸地区，幼鱼通常成群活动，以减少被捕食的几率。（图片提供/达志影像）

鱼阶段会在潟湖中度过数年，等长到一定大小，才开始大洋洄游的生活。

除了无脊椎动物和鱼类等水生动物，许多潟湖也是各种水鸟重要的栖息地，甚至一些水生哺乳动物也在这里活动。海牛偏好栖息在平静的河口与海岸潟湖，以水生植物和浅滩植物为食，有时也会食用由树上落至河中的果实。许多迁移性的水鸟，常在食物丰富的湿地过冬，而潟湖水浅平静，底栖动物数量庞大，常常是候鸟过境、过冬的首选。

潟湖的形成

在海湾及河口附近，由于地势平缓，河水流速减慢，搬运作用逐渐被沉积作用取代，泥沙淤积形成沙洲。泥沙沉积时，会受到沿岸海流的影响，当海流的方向与海岸平行时，泥沙便顺着海岸堆积，形成滨外沙洲，而介于滨外沙洲与陆地间的平静水域便是潟湖。潟湖对于邻近海岸非常重要，因为滨外沙洲可以抵挡暴风雨或潮水对海岸的直接侵袭，而来自河川的洪水也可在潟湖区得到宣泄。此外，平静的潟湖可以说是天然的养殖场，许多鱼、虾、贝和螃蟹在这里繁衍下一代，自然也成为邻近渔民的重要的作业区及养殖场。某些湖甚至会被改建为人工港，著名的威尼斯水都就是建立在潟湖区。

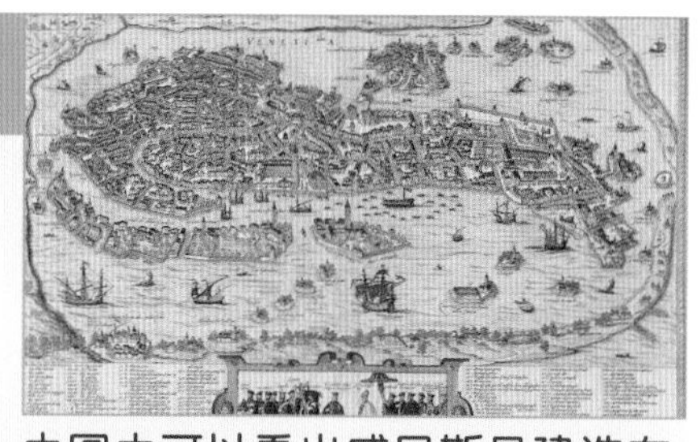
由图中可以看出威尼斯是建造在地中海潟湖上的城市，大多数的建筑物都盖在118个沙洲小岛上，近年来面临被海水淹没的危险。（图片提供/维基百科）

红鹤在潟湖上觅食，它们具有构造独特的喙，用来滤食水中的小鱼或无脊椎动物。（图片提供/达志影像）

单元10

海岸的无脊椎动物

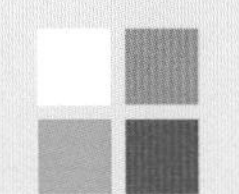

（管虫伸出羽鳃，图片提供/维基百科）

海洋是无脊椎动物的大本营，各种海岸也有不同的无脊椎动物生活其中。岩岸和沙岸的潮间带，都是观察无脊椎动物的最佳区域。

较低等的无脊椎动物

生活在海岸的无脊椎动物比海洋来得少，但在礁岩海岸还是有一些海绵、海葵、扁虫等低等无脊椎动物，至于沙岸环境则以环节动物中的多毛类最常见，包括可自由活动的沙蚕和固着的管虫等。

几乎所有的棘皮动物都生活在海水环境中，如图中的海胆、海星和阳遂足，身体构造大多为五辐对称。（图片提供/达志影像）

19世纪德国科学家施莱登所绘的各种海虫，大多为环节动物门中的多毛类，如管虫、沙蚕等。（图片提供/维基百科）

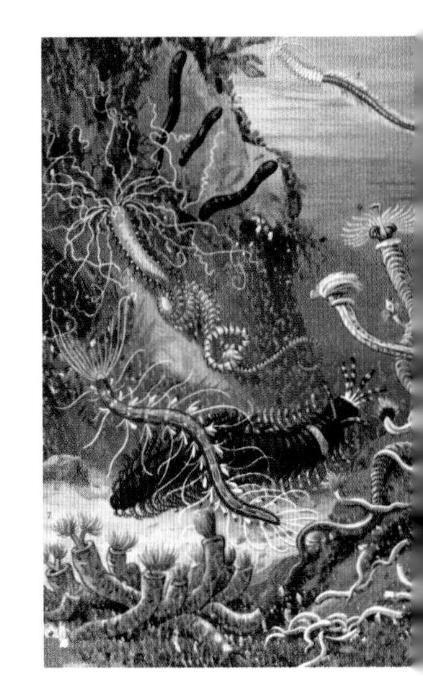

沙蚕生活在以泥沙为基质的海岸，平常躲藏于洞穴中，以碎屑、微小藻类、微生物等为食，虽然它的外形不起眼，却是建构湿地食物网的重要环节，在有机质丰富的地方，往往沙蚕的族群数量惊人，甚至可达每平方米数万只，是鱼类、鸟类重要的食物来源。此外，由于每种沙蚕对环境的容忍度不同，因此也可作为环境指标生物，通常沙蚕的密度过高，可能意味着海岸受到严重的有机质污染。

印度洋东北部的圣诞岛，每年有上亿的圣诞岛红蟹行经住宅、学校、道路，前往海岸产卵。（图片提供/达志影像）

许多软体动物生活在海岸，其中具有足丝的双壳贝类，可固着在礁石上，移动能力弱，大多过群居生活。（图片提供/达志影像）

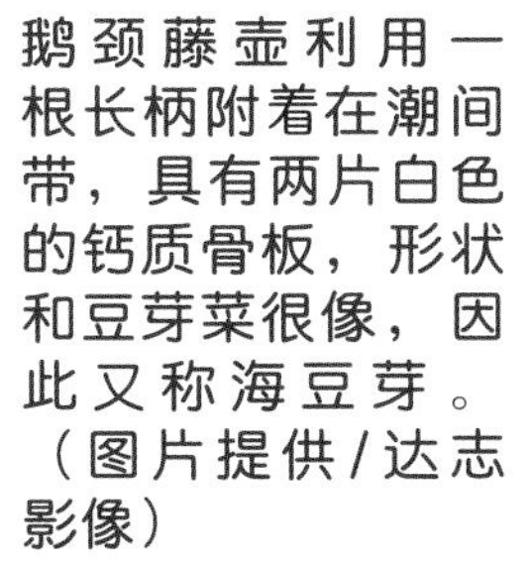

鹅颈藤壶利用一根长柄附着在潮间带，具有两片白色的钙质骨板，形状和豆芽菜很像，因此又称海豆芽。（图片提供/达志影像）

较高等的无脊椎动物

海岸生活着许多较高等的无脊椎动物，包含各种节肢动物（蟹类、藤壶、海蟑螂）、棘皮动物（海星、海胆、海参、阳遂足），以及软体动物（螺类、双壳类、石鳖）等。

节肢动物是地球上种类和数量最多的一类动物，而其中的甲壳类则是海洋动物中最大的一群。甲壳类大多生活在水中，不过也有陆蟹、陆寄居蟹等生活在陆地上，著名的圣诞岛红蟹，以及生活在南太平洋岛屿、绿岛、兰屿地区的椰子蟹，都是陆生的甲壳类。尽管这些陆生蟹类大部分时间都在陆地活动，然而繁殖时还是必须回到海边。除了甲壳类的等足目以外，刚孵化的甲壳类幼虫都是浮游生活，必须在水中经过多次的蜕皮，才变态发育为幼体，因此陆生的蟹类通常在月圆前后大潮时，迁移到海边产卵。

海蟑螂

在海滨的礁石上，常可见到成群活动的海蟑螂，虽然名称里有“蟑螂”，实际上并不是昆虫，而是属于节肢动物门中甲壳纲的等足目。海蟑螂具有7对附肢，体长最大可以长到4厘米长，分布在太平洋和印度洋的沿岸，通常成群在高潮线附近的砾石缝隙活动，有些还以船为家，当遇到危险时，也可爬到水中避敌。海蟑螂以藻类碎片、有机碎屑和小型动物尸体为食，是海边重要的清道夫。雌性海蟑螂的腹部具有卵囊，受精卵可以在卵囊中直接孵化成幼体，没有其他甲壳类浮游幼虫的阶段，因此不用在水中产卵。

海蟑螂是等足目的节肢动物，经常在岩石上、砾石间或红树林下活动，可作为钓饵。（摄影/黄祥麟）

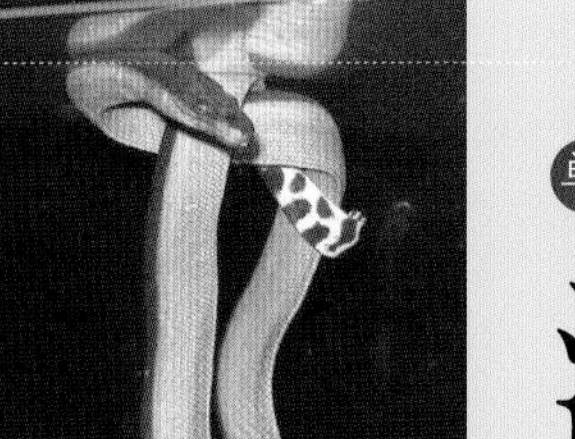

海岸的爬行类

（海蛇扁平的尾部可用来拍水前进，图片提供/维基百科）

爬行类是最早完全适应陆地环境的脊椎动物，但是经过长时间的进化，许多爬行类也能够在海洋和海岸生活。

生活在海中的爬行类

大多数的爬行动物生活在陆地，不过也有一些种类适应海岸的生活，如海蛇、海龟、湾鳄等。由于爬行类以肺呼吸，从空气中获得氧，水生爬行类必须经常浮到水面呼吸。

分布于印度洋、太平洋海域的环纹海蛇。海蛇很少攻击人类，偶而会因潜水员不慎踩到而反击。（图片提供/达志影像）

海蛇是最适应海中生活的爬行类，不像海龟必须回到陆地产卵，某些海蛇甚至终其一生都在海中度过。海蛇大多在热带及亚热带的礁岩海岸活动，现存的种类大约有50种，主要分布在西太平洋及东印度洋。海蛇起源于陆地的蛇类，身体保留了许多陆生动物的构造和特性，例如海蛇体液的浓度和陆生蛇类相近，因环境中海水浓度较高，所以表皮几乎不透水，以减少水分流失；此外，海蛇的舌下具有舌下腺，可以排出体内多余的盐分。海蛇用肺呼吸，因此仍要浮到水面换气，由于爬行类的代谢率

海龟是生活在海洋的龟类，四肢进化成船桨状，适合长途游泳。（图片提供/GFDL，摄影/Sasquatch）

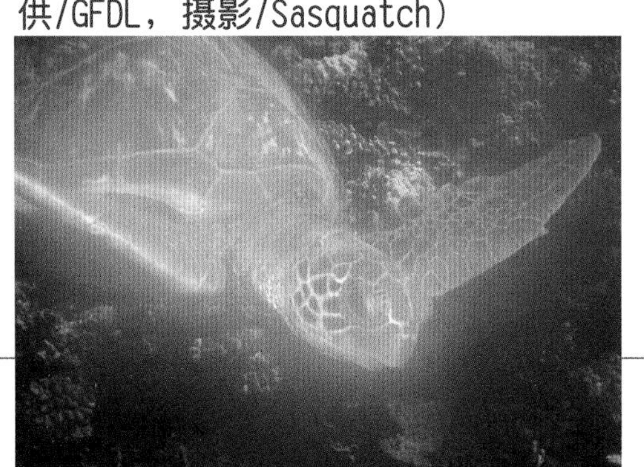

低，对氧气的需求较少，所以可以比其他恒温动物潜水更久，大约5个钟头换一次气就够了。

栖息在河口的爬行类

咸水鳄又名湾鳄、河口鳄，是现存世界上体形最大的爬行类，成年的雄鳄最大体长接近5米，雌鳄最大体长为2.5—3米。咸水鳄主要分布于澳大利亚、东南亚等地区，生活在河口湿地、红树林和浅海环境。咸水鳄对水中盐度的忍受力比一般的鳄鱼高，因此可以生活在淡水和海水的环境中。繁殖时，雌鳄会在沼泽边筑巢，并选择河岸不会被水淹没的地方产卵，一次可产40—60颗卵。咸水鳄是少数会守护卵和幼鳄的爬行动物，当卵附近的环境太干燥时，雌鳄还会拍打水面使卵保持湿润。幼鳄经2—3个月后孵化，出生后，雌鳄还会陪伴几个星期。

右图：咸水鳄将卵产在腐草做成的巢穴，经过2—3个月后孵出幼鳄。（图片提供/达志影像）

下图：咸水鳄是现存最大的爬行动物，可适应高盐度的水域，适合生活在河口、红树林等湿地和潮间带。（图片提供/达志影像）

海鬣蜥

海鬣蜥是世界上唯一能适应海洋生活的鬣蜥，主要分布在南美洲的科隆群岛。它们的祖先是陆生的鬣蜥，为了取食海中的藻类，进化出许多适应海岸生活的构造，例如较长的尾巴，以增加游泳时的控制能力，同时还进化出锋利的钩状爪子，让它们能够牢牢地抓住礁石。海鬣蜥在鼻子及眼睛间具有腺体，能够将体内多余的盐分排出体外，因此可以直接饮用海水。白天时，许多海鬣蜥会停留在火山岩上晒太阳取暖，以提高活动力，但是日照太强时，它们也会躲到较阴凉的场所，以免体温过高。

海鬣蜥是唯一可以长时间在海中活动的蜥蜴，通常在退潮时潜入海中，以岩壁上的藻类为食。（图片提供/达志影像）

（湿地常见的鸟类）

单元12

海岸的鸟类

许多生活在大洋上的鸟类，到了繁殖季节，仍然要回到陆地，滨海的陆地是它们主要的繁殖地。

岩岸的鸟类

由于海岸接近海鸟觅食的环境，而悬崖岩壁又能躲避陆地掠食者的威胁，因此许多海鸟都选择在岩壁筑巢，如海鸥、海雀和海鹦等。繁殖季节时，海雀聚集在陡峭而狭窄的岩壁，每平方米可达20对，领域范围大约只有身体的大小，每次繁殖只产1枚卵，有时直接产在裸露的岩石上。海鹦生活在北极圈附近，是岩岸常见的海鸟，繁殖时会在海岸附近的地上挖洞，筑巢育雏，它们极大的喙一次可衔住许多鱼，再带回巢中喂食幼鸟。

三趾鸥因后趾退化而得名，以海草、泥土等在峭壁突出的岩石上筑巢，每窝产卵1—3枚。（图片提供/达志影像）

海鹦以巨大而多彩的喙闻名，夏天时会聚集在北冰洋附近的岛屿繁殖，通常在峭壁的洞穴筑巢。（图片提供/达志影像）

杓鹬具有尖长而略微弯曲的喙，可以插入软泥中，夹出泥沙下的螃蟹、贝类或沙蚕等。（图片提供/达志影像）

河口湿地的鸟类

拥有大面积潮间带的河口湿地，食物丰富，是许多鹬科与鸻科鸟类重要的栖息地，其中有部分属于候鸟，虽然它们的体形比雁鸭小，但是仍然可以进行长距离的飞行。鹬科与鸻科鸟类觅食的对象略有差异，外形和行为也有所不同，所以虽然栖息在一样的环境，却不会互相抢食。鸻科鸟类大多以泥滩表面活动的小动物为食，因此大多具有良好的视力，以及适合奔跑的短腿，常可见到它们在沙洲上快速奔跑。至于鹬科鸟类主要取食泥中的底栖生物，不靠视觉觅食，因此眼睛较小，喙细长，尖

琵鹭觅食时，通常在浅水中涉水前进，以形状像汤匙的喙在水中左右摆动，捕捞鱼、虾和植物种子。（图片提供/欧新社）

端还有密集的触觉感受器，以感应底栖动物的活动。鹬科鸟类喙的长度与猎物的栖息深度有关，如大杓鹬具有长达19厘米的喙，可以插入泥地中，把躲在洞里的螃蟹拖出来；小杓鹬的喙较短，只能吃到较浅层的食物。

鹭科鸟类是海岸环境的另一群常客，岩鹭则是少数在礁岩海岸活动的鹭科鸟类，腿比其他鹭科鸟类粗短，以鱼类为主食。琵鹭则经常成群生活在河口湿地，以板状的嘴喙在水中扫动，捕食小鱼和螃蟹。

鲎在春天来到沙滩集体产卵，吸引各种海鸟前来觅食，图中可见漂鹬、翻石鹬和笑鸥等。（图片提供/达志影像）

海岸的猛禽

在猛禽中隼形目鹰科的海雕属鸟类，是生活在海岸边的大型猛禽，外形特征是宽广的翼、短短的尾和宽大的喙。不同海雕的体形大小差异较大，最小的是所罗门群岛海雕，平均体重大约1—2千克，而最大的则是虎头海雕，体重可达12千克，翼展则超过2米。海雕的主食是海中的鱼类，有时还会捕捉其他的鸟类或哺乳类为食，甚至会捡拾腐肉来吃。除了海雕以外，海岸边也可见到黑翅鸢、鱼鹰等中型猛禽。

白头海雕是美国的国鸟，栖息在海岸、河流和大型湖泊附近，以脚爪猎捕水中的鱼类。（图片提供/达志影像）

单元13

海岸的哺乳类

（斑海豹常在北美的港口出现，图片提供/GFDL，摄影/100yen）

哺乳动物中，鲸豚、海牛、儒艮等完全生活在海水中，鳍脚类和海獭则是生活在海岸，食物大多来自于海中。

鳍脚类

鳍脚类可分为海豹、海狮和海象3科，它们的外形已经进化得适应海中生活：四肢像鳍，身体呈流线型。它们在陆地上的行动相当笨拙，其中海豹的后肢已像尾巴，无法向前弯曲，在陆上行走时背会一弓一弓的；海狮和海象的后肢仍可向前弯曲，帮助行走。海豹的分布广、种类多，有普通海豹、僧海豹、象海豹等10种，它们没有外耳，一般又称无耳海豹。海狮科包括海狮和海狗，外形接近海豹，但有外耳，一般又称有耳海豹。海狮的分布也很广，但主要在两极，美国阿拉斯加州的普利比洛夫群岛，每年4—11月有上百万只海狗聚集繁殖，声势浩大，因此这里又称海狗群岛。海象主要分布在北冰洋，它的獠牙可以用来挖掘潜在海底的甲壳类。

分布在北太平洋沿岸的北海狮，繁殖期会聚集在岛屿和岩壁上。（图片提供/维基百科，摄影/Carolyn J. Gudmundson）

海岸常见的各种哺乳动物。其中海豹、海狮、海象为鳍脚类，四肢特化为鳍状；海獭则属于食肉目鼬科，后脚掌有蹼。（插画/萧玉君）

海獭

海獭是体形最小的海洋哺乳动物，属于鼬科海獭属，主要分布在太平洋的阿留申群岛和堪察加半岛沿海，善于游泳和潜水，大部分时间都在海中度过，只有在繁殖时才会登上陆地。它经常出现在近岸的海面，以仰泳姿势漂浮着，睡觉时便用海藻缠住身体，不让海浪冲走。海獭的食物相当多样，除了捕食鱼类以外，也会潜到海里寻找海胆、贻贝、鲍鱼，它们有力的牙齿可以咬碎贝壳，有时会垫着一块石头敲开海胆或牡蛎的外壳。

相较于生活在陆地上的哺乳类，海獭的繁殖算是相当缓慢，母海獭平均每5年才怀孕一次，每次大多只产下一个小宝宝，偶尔才出现双胞胎或三胞胎。刚生下来的小海獭，大部分的时间都待在妈妈的胸前，据研究，小海獭的存活率只有10%左右。海獭的天敌有鲨鱼、海豹、虎鲸等，再加上过去人们为了获取海獭的毛皮，曾经大量猎杀，使海獭一度濒临绝种，幸好在国际保护组织的重视下，数量已逐渐恢复。

海獭经常潜到海底捕捉双壳贝类、海胆等，有时还会在腹部垫石头，用前肢夹着贝类用力向下敲，击碎外壳取食。（图片提供/达志影像）

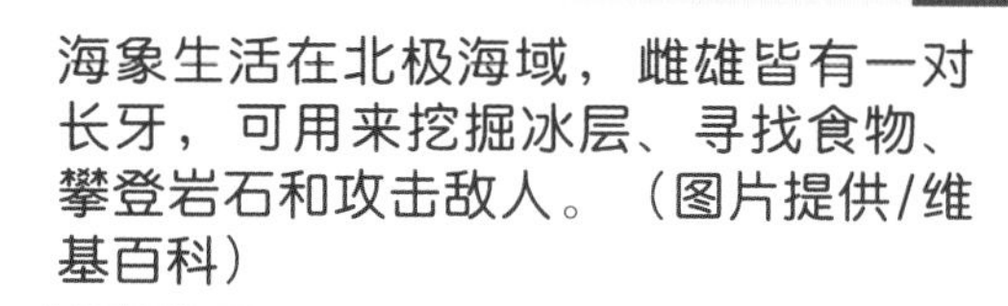

海象生活在北极海域，雌雄皆有一对长牙，可用来挖掘冰层、寻找食物、攀登岩石和攻击敌人。（图片提供/维基百科）

北极熊

生活在北极地区的北极熊是世界最大的熊，成年的北极熊体长为2.1—3.4米，雄性的体重可达雌性的两倍。北极熊平均每3年生产一次，每胎1—3只幼熊，由于雄性北极熊有捕杀幼熊的习惯，因此雌性北极熊生完小熊后，会把小熊藏起来，并攻击入侵育幼区的雄性北极熊。北极熊以海豹为主食，常耐心地埋伏在海豹的换气孔旁，当海豹探出头换气时，便迅速以掌击毙海豹。过去，北极熊曾因为身上的皮毛遭到大量的猎捕，导致族群数量降低，虽然已经禁止捕猎，但现在却因为全球变暖、海冰减少，使得北极熊面临更大的生存威胁，甚至发生北极熊因找不到浮冰栖息而溺毙的事件。

由于全球变暖，北极的冰层愈来愈少，北极熊的栖息地消失，族群面临危机。（图片提供/欧新社）

海岸动物的保护

（澳大利亚的海岸保护区，图片提供/GFDL，摄影/Paul Harrison）

海岸与人类的活动息息相关，所受到的冲击也比海洋大得多。海岸的开发、水上活动、沿岸捕捞和废污水排放等，都对海岸动物造成严重的生存威胁。

日益严重的海洋污染危及海岸动物的栖息地，人们食用污染的贝类也会因而中毒。（图片提供/欧新社）

海岸的人为干扰

拥有大片沙滩的海岸，往往成为热门的观光景点，吸引大量的旅游人潮，虽然为当地带来了可观的经济收益，但伴随着人类活动而来的垃圾、排泄物和废水等，也给海岸带来相当大的冲击。此外，水上及滨海的活动也破坏了海滩环境，让原本生活在这里的动物失去栖息地。

未经处理的废污水，经过河川或污水下水道排放至海洋中，直接受到影响的就是生活在海岸的动物。这些废污水中，常含有许多生物体无法排出的重金属，或是二恶英等有机大分子，一旦进入生态系统，往往在食物链中层层累积，最后对高级消费者造成严重的影响。

20世纪50年代，发生在日本的“水俣病”就是生物累积的典型例子。由

2006年菲律宾外海的油轮漏油事件，影响了239千米的海岸线，许多海岸动物因而死亡。（图片提供/欧新社）

于东京的工厂将含汞（水银）的废水排放到东京湾，经食物链累积，造成许多人因食用含汞的鱼虾而中毒，到了1993年，已有超过2,200人中毒，其中有一半的患者死亡。

由于海面上升、地层下陷等因素，海岸侵蚀造成海岸线后退，威胁邻近的村落。（图片提供/欧新社）

黑面琵鹭栖息在东亚地区的沿海湿地，中国台湾、香港地区和日本都成立了保护区，进行保护工作。（图片提供/欧新社）

保护海岸资源

要保护海岸的动物，最重要的就是减少人为干扰，首先应避免开发生态脆弱的海岸地区，此外还要减少陆上来的废水污染，以及加速海上油污意外处理，减轻对海岸动物的影响。

建立海洋保护区是近十年来海洋保护的主流，保护范围涵盖了潮间带和邻近的潮下带。海洋保护区对沿岸动物的保护有显著的成效，以红树林湿地为例，据研究，在保护区成立之后，鱼类资源可提高3.7—5倍，而紧临保护区的渔获量则提高了2—3倍。

海洋保护区

依世界自然保育联盟(International Union for Conservation of Nature, IUCN)的定义，“海洋保护区”泛指依法令或其他有效的管理措施，保护范围涵盖潮间带和亚潮带的海床，同时包含生活在其中的生物。目前全世界最大的海洋保护区位于太平洋上的基里巴斯共和国，面积达41.05万平方公里。现在世界各国的海洋保护区大多设立于海岸地区，一方面是因为海岸是海洋环境中单位生产力最高的地区；另一方面是这里受到人为活动的冲击最大，因此保护本区的生物及生态环境已是刻不容缓的课题。

太平洋中的基里巴斯拥有世界最大的海洋保护区，总面积超过41万平方公里，约为中国台湾地区的11倍大。（图片提供/维基百科）

红树林有保护海岸的功能，生物资源也很丰富，近年来东南亚各国努力恢复当地原有的红树林。（图片提供/维基百科）

英语关键词

岩岸 rocky coast

海湾 bay

峡湾 fiord

海蚀平台 wave-cut platform

海蚀崖 ocean-erosion cliff

生物礁岸 bioherm

沙岸 sand coast

沙洲 sand bar

潟湖 lagoon

河口 estuarine

红树林 mangrove

湿地 wetland

半淡咸水 brackish water

生态交会区 ecotone

生物累积 bioaccumulation

海洋保护区 marine protected area

保护区 protected area

自然保护区 natural reserve

消波块 armor unit/armor block

潮间带 intertidal zone

潮上带 splash zone

潮下带 subtidal zone

高潮线 high tide line

低潮线 low tide line

大潮 spring tide

小潮 neap tide

涨潮 flood tide

退潮 ebb tide

潮池 tide pool

潮沟 tidal creek

海葵 sea anemona

海绵 sponge

多毛类 polychaete

沙蚕 lobworm

管虫 tubeworm

藤壶 barnacle

海蟑螂 sea slater

招潮蟹 fiddler crab

寄居蟹 hermit

石鳖 chiton

玉黍螺 periwinkle

笠螺 limpet

牡蛎 oyster

壳菜蛤/淡菜 mussel

棘皮动物 echinoderm

海参 sea cucumber

海胆 sea urchin

海钱 sand dollar

海星 starfish

弹涂鱼 mudskipper

海龟 sea turtle

海蛇 sea snake

河口鳄 estuarine crocodile

海鬣蜥 marine iguana

海雀 auk

海鹦 puffin

鹬 snipe

鹭鸶 egret

琵鹭 spoonbill

海豹 seal

海狮 sea lion

海象 walrus

海獭 sea otter

北极熊 polar bear

新视野学习单

1 关于海岸环境的描述，哪些是对的？（多选）

1.海岸可分为礁岩海岸、沙岸和河口湿地3个主要类型。

2.红树林多半出现在岩岸的环境。

3.海岸潮间带是指高潮线和低潮线之间的区域。

4.通常岩岸的潮间带范围比较狭窄，因此生物的种类少。

（答案在06—07页）

2 下列关于潮间带动物的叙述，对的请打○，错的请打×。

（　）潮间带是陆地生态系统和海洋生态系统的生态交会区。

（　）潮间带动物种类少，但单一种类个体数多。

（　）沙岸范围广，因此动物种类和数量都比岩岸来得多。

（　）礁岩的潮沟是底栖动物重要栖息地。

（答案在08—09页）

3 连连看，将以下海岸环境特色和动物的适应连在一起。

潮池盐度变化·	·广盐性鱼类
河口盐度变化·	·双壳贝紧闭双壳
涨潮时被水淹没·	·藤壶黏附在礁岩上
退潮时的干旱·	·甲壳类调节体内尿素浓度
海浪的冲击·	·招潮蟹躲入洞穴

（答案在10—15页）

4 由于环境不同，生活在礁岩海岸和沙岸的动物种类也不同，下列动物生活在礁岩海岸的填1，生活在沙岸的填2。

______石鳖______方蟹______海龟______珊瑚

______海钱______文蛤______沙蟹______玉黍螺

（答案在16—19页）

5 关于河口与红树林生态，哪一个叙述是“错”的？（单选）

1.河口湿地最具代表性的动物是招潮蟹和弹涂鱼。

2.红树林植物是河口动物最主要的食物来源。

3.草泽环境底栖动物很多，因此有许多水鸟前来觅食。

4.河口湿地有许多以有机碎屑为食的动物。

（答案在20—21页）

6 关于潟湖中的动物叙述，对的请打○，错的请打×。

（　）潟湖常出现在河口环境。

（　）潟湖多为礁岩底质，动物的种类和岩岸类似。

（　）在食物链中，潟湖动物的食物来源主要是来自河川与海洋的沉积物。

（　）海鹦是潟湖常见的鸟类。

（答案在22—23页）

7 海岸是许多无脊椎动物的栖息地，请将下列无脊椎动物和它们的分类连在一起。

海星· ·腹足类的软体动物
海蟑螂· ·等足目的节肢动物
牡蛎· ·多毛类的环节动物
沙蚕· ·棘皮动物
玉黍螺· ·双壳类的软体动物

（答案在24—25页）

8 关于海岸鸟类的描述，哪些是对的？（多选）

1.海鸥在岩壁筑巢，躲避陆上掠食者的威胁。
2.海鹦生活在南极大陆上，以海中的磷虾为食。
3.鹬科鸟类具有长嘴，可深入泥地洞穴捕食。
4.琵鹭喙呈板状，以小鱼和其他无脊椎动物为食。

（答案在28—29页）

9 连连看，原本陆生的爬行类和哺乳类，进入海中生活时，分别进化出哪些适应海洋的构造？

海蛇· ·鼻子和眼睛的腺体能排出多余盐分
咸水鳄· ·舌下腺排出多余的盐分
海鬣蜥· ·浓密的毛发防止体热散失
海豹· ·对水中盐分耐受力高
海獭· ·具有鳍状的四肢

（答案在26—27、30—31页）

10 保护海岸的生态环境及动物，最有效的方法有哪些？（多选）

1.在海岸放置大量的消波块，建立防波堤。
2.设立沿海的海洋保护区。
3.成立国家级景观旅游区，提升海岸的利用。
4.加速处理陆上的废污水，避免污水进入海岸。

（答案在32—33页）

我想知道……

这里有30个有意思的问题，请你沿着格子前进，找出答案，你将会有意想不到的惊喜哦！

沙岸种类 P.07

为什么潮间带有许多滤食性动物？ P.08

海参体内有哪种鱼寄生？ P.09

不错哦，你已前进5格。送你一块亚洲金牌！

棘皮动物以什么构造抵抗海浪冲击？ P.09

为什么幼鱼通常成群活动？ P.23

为什么和尚蟹又称兵蟹？ P.22

了，美洲

什么是“汽水区”？ P.10

为什么沙蚕可以当成指标生物？ P.24

太好了！你是不是觉得：Open a Book！Open the World！

退潮时，牡蛎如何防止水分流失？ P.11

海蟑螂是昆虫吗？ P.25

哪一种动物又称海豆芽？ P.25

大金

为什么鱼要随着洋流洄游？ P.12

为什么弹涂鱼可以在陆上活动？ P.13

获得欧洲金牌一枚，请继续加油！

招潮蟹如何以鳃吸收空气中的氧？ P.13

如自在 P.14

图书在版编目（CIP）数据

海岸动物：大字版 / 黄祥麟撰文. —北京：中国盲文出版社，2014. 5
（新视野学习百科；23）
ISBN 978-7-5002-5030-2

Ⅰ. ①海… Ⅱ. ①黄… Ⅲ. ①动物—青少年读物 Ⅳ. ①Q95-49

中国版本图书馆 CIP 数据核字（2014）第 061054 号

原出版者：畅談國際文化事業股份有限公司
著作权合同登记号 图字：01-2014-2148 号

海岸动物

撰　　文：黄祥麟
审　　订：谢蕙莲
责任编辑：樊雅梦
出版发行：中国盲文出版社
社　　址：北京市西城区太平街甲 6 号
邮政编码：100050
印　　刷：北京盛通印刷股份有限公司
经　　销：新华书店
开　　本：889×1194 1/16
字　　数：33 千字
印　　张：2.5
版　　次：2014 年 12 月第 1 版　2014 年 12 月第 1 次印刷
书　　号：ISBN 978-7-5002-5030-2/ Q· 15
定　　价：16.00 元
销售热线：（010）83190288 83190292

绿色印刷　保护环境　爱护健康

亲爱的读者朋友：

本书已入选“北京市绿色印刷工程—优秀出版物绿色印刷示范项目”。它采用绿色印刷标准印制，在封底印有“绿色印刷产品”标志。

按照国家环境标准（HJ2503-2011）《环境标志产品技术要求 印刷 第一部分：平版印刷》，本书选用环保型纸张、油墨、胶水等原辅材料，生产过程注重节能减排，印刷产品符合人体健康要求。

选择绿色印刷图书，畅享环保健康阅读！

北京市绿色印刷工程